动起来吧！
飞行奥秘

十一点零五 编著

人民邮电出版社
北京

如何使用本书所配的 AR 应用

操作非常简单，你只需按下列步骤进行即可。

第一步：下载 APP

方法一：扫描下方的二维码，将其下载到你的智能移动设备上。

方法二：苹果设备用户可到 APP STORE，安卓系统用户可到应用宝，下载免费的"飞行奥秘"APP。

扫描此二维码下载软件。

第二步：启动 APP

点击图标运行 APP 后，选择登录或直接使用 APP。进入下一页面后点击"开始使用"按钮。

APP 图标

第三步：激活 APP

扫描下方的激活码（请在联网状态下使用），完成激活后，就可以用镜头对准本书的内容页开始互动啦！

扫描此激活码后方可使用。一个激活码仅限 5 台设备使用，请妥善保管。

什么是增强现实？

增强现实（Augmented Reality，AR）技术是指通过带有摄像头的智能移动设备进行扫描，将真实的环境和虚拟的物体联结起来，从而获得超越现实的感官体验。

对智能移动设备有何要求？

系统要求：需要软件更新或操作系统版本升级，本产品需要与以下操作系统兼容。
- 苹果设备：iOS 9.0 及以上的版本。
- 安卓系统：Android 4.0 及以上的版本。

APP 操作说明

以下是常用按钮的功能说明示例。

拉出 / 收起

拍照

刷新页面

返回主页

方向按钮，可用于控制当前页面中的主角移动。

操作按钮，可以根据当前页面的主角的特点进行演示。

目 录

重于空气

固定翼

旋翼

对天空的向往
——古今神话传说

作为没有翅膀的人类，我们总是很羡慕在蓝天下自由翱翔的小鸟，梦想着有一天也能飞上蓝天。因此，人类不仅对天空有着各种各样的憧憬，对飞天的工具也有很多奇思妙想呢。你有什么妙点子吗？

盘古开天辟地的传说

很久以前，天和地还没有分开，盘古就沉睡在这片混沌的宇宙之中。一天，他突然醒来，发现眼前是如此黑暗，于是他拿起身边的斧子用力一劈，一声巨响之后，混沌的宇宙渐渐分开。轻而清的东西缓缓上升，变成了天；重而浊的东西慢慢下降，变成了地。

上帝创世纪的神话

在西方的神话里，上帝创造了天地。在天地出现之前，世界一片混沌黑暗。上帝说要有光，世界就有了光。上帝说诸水之间要有空气，将水分为上下，其间的空气就被称为天。上帝说天下的水要聚在一起，于是露出了旱地，上帝将其称为地。

飞毯

　　阿拉伯地区的人们相信飞毯的力量。早在所罗门王的时代，民间就流传着很多关于飞毯的神秘传说。在脍炙人口的《一千零一夜》中就有一篇专门描写飞毯的故事——《神奇的飞毯》。如果有了这个飞毯，无论你想去哪里，只要坐在上面，心里想一想，它就立刻可以把你送过去。

敦煌飞天

　　敦煌飞天是敦煌莫高窟的标志性名片，它是由印度佛教天人和中国道教羽人以及中原飞天和西域飞天长期交流融合形成的、独具中国文化特色的飞天。敦煌飞天既没有羽毛也没有圆光，主要凭借飘曳的衣裙和飞舞的彩带翱翔于蓝天，是世界美术史上的一朵奇葩。

飞天扫帚

　　在西方文化中，人们认为扫帚具有飞天的本领，是巫师们最主要的交通工具。到了现代，英国女作家J.K.罗琳所著的"哈利·波特"系列将飞天扫帚推广到了全世界。现在人们更是根据书中的描写做出了各种各样的"飞天扫帚"。

对飞翔的努力
——人类飞行尝试

人类对飞翔的向往无止境，对天空的探索不停息，不断地想要将各种各样的东西送上蓝天，也期待着自己能够翱翔天际。为了实现这个梦想，人们一直都在努力，你知道他们做了些什么吗？

万户飞天

　　我国明朝初期有个官职为万户、名陶成道的人做了一次史无前例的飞天试验。他制作了一把椅子，在上面固定了 47 支火箭，自己手里拿着两只大风筝。准备就绪后，他让仆人将 47 支火箭一齐点燃，随着一声巨响，火箭喷出大量的火光和浓烟，椅子飞上了天，但万户也消失在了他一直向往的天空中。虽然试验失败了，但是万户的这种设想却是划时代的，他被称为"试图利用火箭作为交通工具的第一人"。为了表彰他的贡献，国际天文学联合会还用"万户"这个名字命名了月球上的一座环形山。

达·芬奇的扑翼设想

莱昂纳多·达·芬奇是欧洲文艺复兴时期的天才人物，他在天文、物理、绘画等许多方面都取得了伟大的成就。他有一种浪漫的设想：人类应该像鸟儿一样自由地飞翔。经过多年的科学观察，他发现了许多有趣的飞行现象，并在 1487 年绘制了世界上第一幅扑翼飞行器的草图。

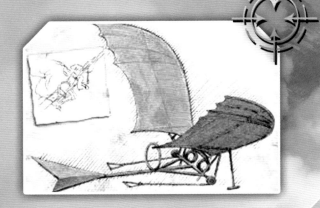

滑翔机之父

奥托·李林塔尔是德国的一位工程师，他是最早设计出实用滑翔机的人，被称为"滑翔机之父"。他一生进行了数千次飞行试验，对人类航空事业的发展做出了巨大的贡献。1896 年，李林塔尔在一次试飞过程中遇到迎面突风，还未来得及调整重心，就与滑翔机一起掉了下来，将生命献给了他所热爱的航空事业。

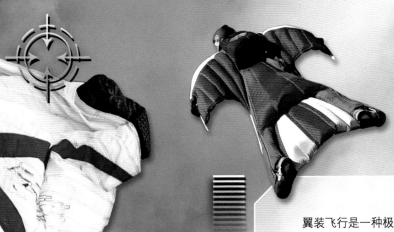

翼装飞行

翼装飞行是一种极限运动。飞行者穿着一种特殊的飞行装备——在两腿之间和手臂下方都连着翅膜的翼装从高空跳下，来增强对身体的控制。由于这项运动的危险系数极高，它被广泛认为是世界上最危险的极限运动之一。即便如此，依然无法阻挡冒险者们对翼装飞行的热爱。

放飞希望的灯火
——孔明灯的历史

人们相信美好的蓝天能够带来好运与幸福，所以将自己心中的希望与祝福凝于笔端，送上天空……放飞希望的灯火，迎接更美好的明天。你有没有放飞过孔明灯？又许过什么愿望呢？

什么是孔明灯

孔明灯又称天灯，一般也叫许愿灯，是中国一种古老的手工艺品。它由一小块可燃物（如蜡烛等）、一个支架和一个灯罩组成。从前，每逢元宵节、中秋节等重大节日，人们往往都在孔明灯上写下祝福与希望，点燃蜡烛，将承载着祝福和心愿的孔明灯升上天空。

孔明灯的意义与发展

在古代，孔明灯不仅用于娱乐和祈福，在军事领域还起着传递消息的重要作用。随着科技的不断发展，孔明灯的军事意义逐渐丧失。到了现代，孔明灯已经完全转变为用于祈福、祈愿了。如今，在有华裔居住的许多地方，都还有放飞孔明灯的习俗。虽然每个地方的孔明灯的具体意义可能存在差别，但往往大同小异，都代表着对美好生活的向往与祝愿。

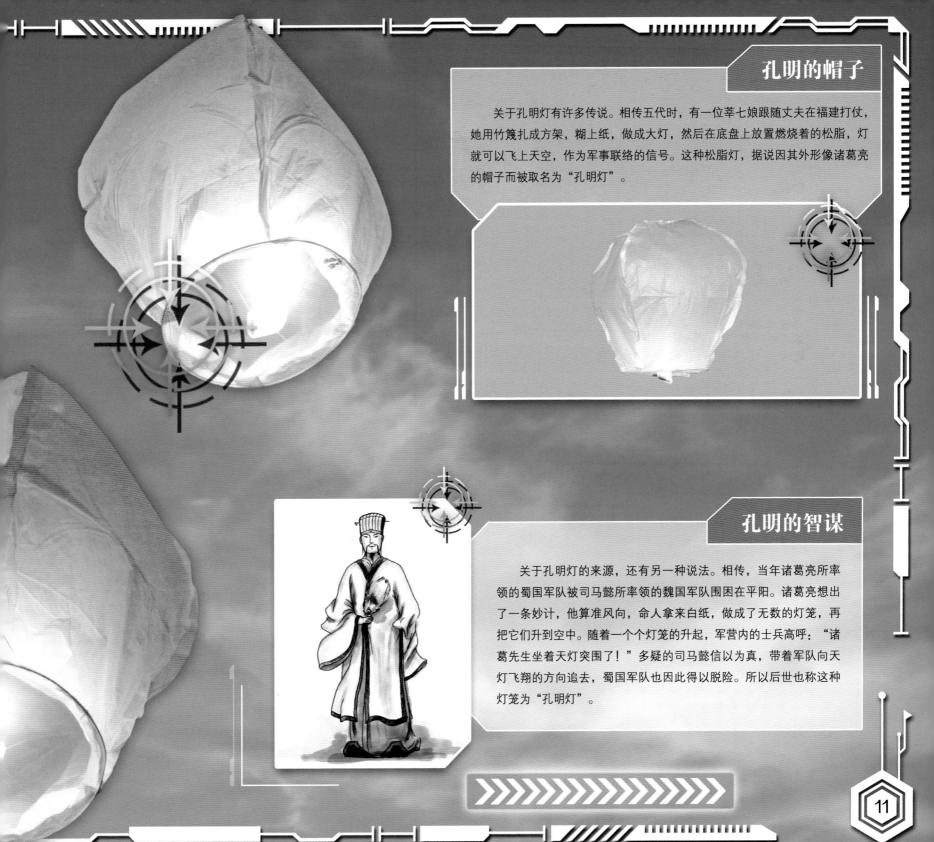

孔明的帽子

关于孔明灯有许多传说。相传五代时，有一位莘七娘跟随丈夫在福建打仗，她用竹篾扎成方架，糊上纸，做成大灯，然后在底盘上放置燃烧着的松脂，灯就可以飞上天空，作为军事联络的信号。这种松脂灯，据说因其外形像诸葛亮的帽子而被取名为"孔明灯"。

孔明的智谋

关于孔明灯的来源，还有另一种说法。相传，当年诸葛亮所率领的蜀国军队被司马懿所率领的魏国军队围困在平阳。诸葛亮想出了一条妙计，他算准风向，命人拿来白纸，做成了无数的灯笼，再把它们升到空中。随着一个个灯笼的升起，军营内的士兵高呼："诸葛先生坐着天灯突围了！"多疑的司马懿信以为真，带着军队向天灯飞翔的方向追去，蜀国军队也因此得以脱险。所以后世也称这种灯笼为"孔明灯"。

冉冉上天的明灯
——孔明灯的原理

深夜里点亮一盏孔明灯，向天空捎去祝福与渴望；成千上万的孔明灯在夜空之中，绘出一幅灿烂恢弘的画卷。孔明灯是如何飞上天空的呢？

阿基米德定律

古希腊科学家阿基米德在进入浴缸洗澡时看到缸中溢出的水，产生了联想，进而发现了阿基米德定律，又称"浮力定律"。这是物理学中的一条基本定律，它指出，浸入静止流体（可以是液体，也可以是气体）中的物体，会受到竖直向上的浮力，浮力的大小等于它排出流体的质量。

为什么孔明灯能升空

孔明灯的下端开口处固定有一小块可燃物，当可燃物燃烧时就会加热周围的空气；空气受热膨胀，密度变小，质量也变小，于是在浮力的作用下孔明灯就升上天空了。

注意事项

放飞之前先检查，如有破损快快补。
完全展开再点火，升空快速又安全。
三人协作齐努力，劲使一块心相惜。
空旷地区最适宜，风大雨大早放弃。
安全防火思量全，明灯冉冉上天际。

升空条件

孔明灯的制作方法虽然十分简单，但它对升空时的天气情况要求比较严格。因为孔明灯的灯罩是用轻薄的纸做成的，所以如果放飞时风太大，就可能会将灯体吹斜，使其被点燃烧毁；下雨时灯体也很容易被淋湿，造成无法放飞的情况。所以最好还是选择在无风雨的天气放飞你的孔明灯。

来一场华丽的旅行
——热气球的应用

人类的梦想远不只是将希望与祝福放飞天空，还有不断攀爬更高"山峰"的愿望。经过不懈的实践，人类终于发明了热气球，利用它庞大的身躯飞上蓝天，可以鸟瞰美丽的大地。

最早乘坐热气球的人

1783年9月19日，法国造纸商约瑟夫·蒙哥尔费和雅克·艾蒂安·蒙哥尔费在法国凡尔赛宫前升起了第一个载有乘客的热气球，当时的乘客是一只绵羊、一只公鸡和一只鸭子。这个热气球飞升至518米的高度，飘行了1.5千米，成功飞行了8分钟。

同年11月21日的下午，他们又在巴黎穆埃特堡进行了世界上第一次热气球载人空中飞行，共飞行了25分钟。热气球飞越了半个巴黎之后，降落在巴黎东南部的意大利广场附近。

热气球的用途

热气球最初被用于军事中的通信联络和侦察。1870年的普法战争中，巴黎受困，法国人就曾用热气球将人和信件送出包围圈。后来热气球开始广泛地运用于飞行旅行、飞行探险、军事侦察和气候研究等多个领域。现在热气球已经发展成了一种旅游娱乐项目，很多地区为了丰富景区的娱乐活动，纷纷引进了热气球观光项目。

氢气球与氦气球

热气球在 19 世纪得到快速发展。人们发现，填充了比空气轻的气体的气球可以直接飞上天空，而且飞行效果更好，于是设计出了氢气球和氦气球。

氢气球

氢气是世界上已知的最轻的气体。由于氢气球的升高性能好、滞空时间长，所以应用十分广泛。但氢气球有易燃易爆的缺点。

氦气球

20 世纪 20 年代出现了氦气球。氦气是一种惰性气体，氦是所有元素中最不活泼的一种，极难与其他元素相融合，所以十分安全。

注意事项

高空温度较低，要注意保暖，尽量穿行动方便的棉质面料服装和运动鞋。

吊篮内空间狭小，所以要尽量靠边站立，不要因好奇而触碰相关设备。

热气球的结构很特殊，即使突然熄火，也能非常缓慢地降落到地面上，所以不用慌张。

万一发生事故，要听从驾驶员的指挥；如果驾驶员丧失行为能力，一定要先关闭燃料瓶的阀门。

为防止被灼伤，要尽量穿长衣长裤，还要戴上棉质的帽子。

热气球点火升空时，会在一瞬间喷出火焰，并伴有巨响，要做好心理准备，抓紧吊篮。

热气球配备有全球定位系统、电子罗盘等设备，以保证发生意外时个人的人身安全。

使用灭火器灭火，并拉动排气绳，打开伞顶，阻止热气球继续上升。

乘着风儿启航
——热气球的原理

我们的生活变得越来越丰富多彩，热气球也变得越来越五彩缤纷。热气球是怎么飞起来的，又是怎样被控制的呢？跟上脚步，让我们乘着风儿启航，了解热气球的奥秘吧！

为什么热气球能升空

热气球的升空原理和孔明灯基本相同。虽然我们平常不一定能感受到，但其实空气也是有质量的。同样体积的空气，温度不同，密度和质量也会不同。温度低，它们的质量和密度就会变大，反之则会变小，就像冬天人们会想抱团取暖，而夏天则会喊着"好热啊"互相远离。热气球和孔明灯升空的原理虽然相同，但是要想把载着更大质量的热气球送上天空，可得有更大体积的球囊和更强大持久的加热系统哦。

操作方法

热气球是无法沿着确切的航线飞行，也很难返回起点的。因为在天空的不同高度，风速和风向也会不同，一般情况下，高度越高，风速也就越快，所以驾驶员只能通过改变高度来控制水平速度。驾驶员不仅需要反复确认天气情况和风速，还需要地面上的队友协助，才能尽量保证热气球安全地飞行与降落。而且为了更安全地体验热气球飞行，近年来一些旅游景区还通常会在热气球吊篮的底部系一条绳索，来确保热气球起飞与降落的安全。

△ 上升　驾驶员打开燃气阀，气流加大，火焰变旺，可以快速加热空气，提高垂直上升的速度。

▽ 下降　驾驶员拉下细绳，打开顶部的降落伞阀，球囊中排出一部分空气，降低球囊内部的温度，减缓热气球上升的速度。

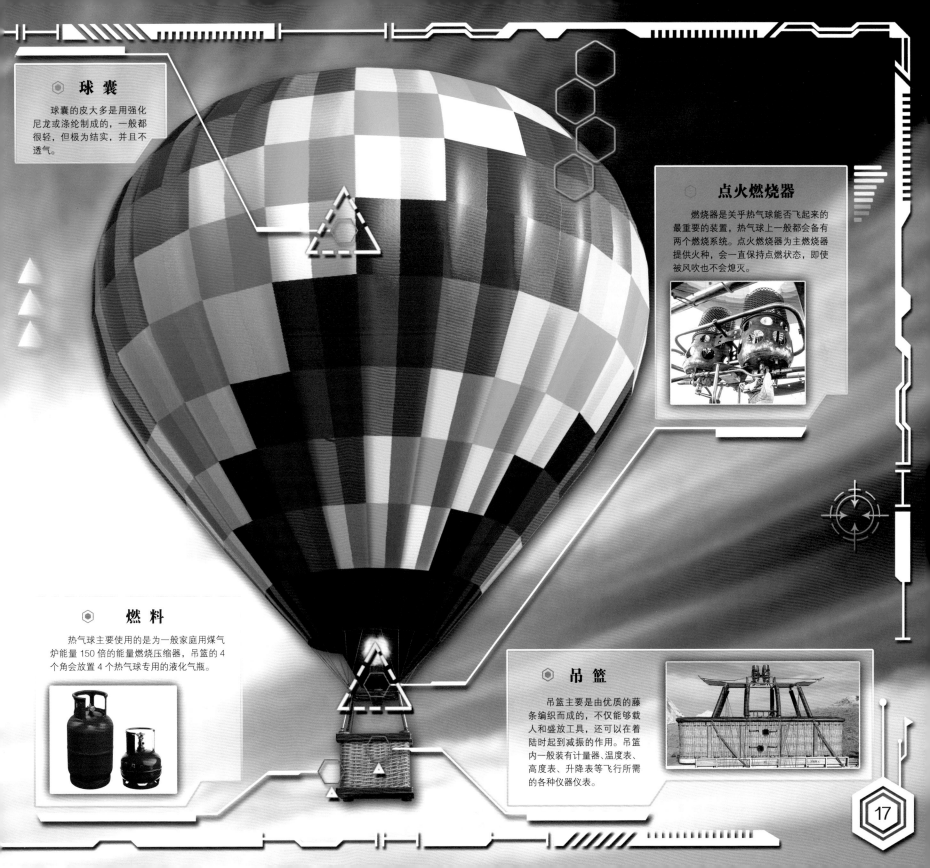

球囊

球囊的皮大多是用强化尼龙或涤纶制成的，一般都很轻，但极为结实，并且不透气。

点火燃烧器

燃烧器是关乎热气球能否飞起来的最重要的装置，热气球上一般都会备有两个燃烧系统。点火燃烧器为主燃烧器提供火种，会一直保持点燃状态，即使被风吹也不会熄灭。

燃料

热气球主要使用的是为一般家庭用煤气炉能量 150 倍的能量燃烧压缩器，吊篮的 4 个角会放置 4 个热气球专用的液化气瓶。

吊篮

吊篮主要是由优质的藤条编织而成的，不仅能够载人和盛放工具，还可以在着陆时起到减振的作用。吊篮内一般装有计量器、温度表、高度表、升降表等飞行所需的各种仪器仪表。

好飞艇需打磨

——飞艇的历史

随着热气球的飞速发展，人们发现填充氢气和氦气的气球飞行效果更好，于是另一种更大的飞行器——飞艇应运而生。人们是如何一步步将它发展起来的？又是怎样渐渐学会控制它的？一起来看看。

飞艇的发展历史

气阀的重要性

1784 年，法国的罗伯特兄弟制造了一艘鱼形的人力飞艇。7 月 6 日他们进行了试飞，随着飞行高度的提升，大气压强不断降低，飞艇的气囊不断胀大，眼看就要撑破了。还好罗伯特兄弟用小刀把气囊刺破了一个小洞，才使飞艇安全地回到地面。这次试验使人们明白了在气囊上安置一个放气气阀的重要性。

为飞艇加上动力

经过第一次试验，罗伯特兄弟总结经验，两个月后他们重新改造了飞艇，进行了第二次飞行。这一次由 7 个人一同划桨为飞艇提供动力，这是人类第一艘有动力的飞艇。1872 年，美国人特·罗姆又制作出一艘用螺旋桨代替人力的飞艇。

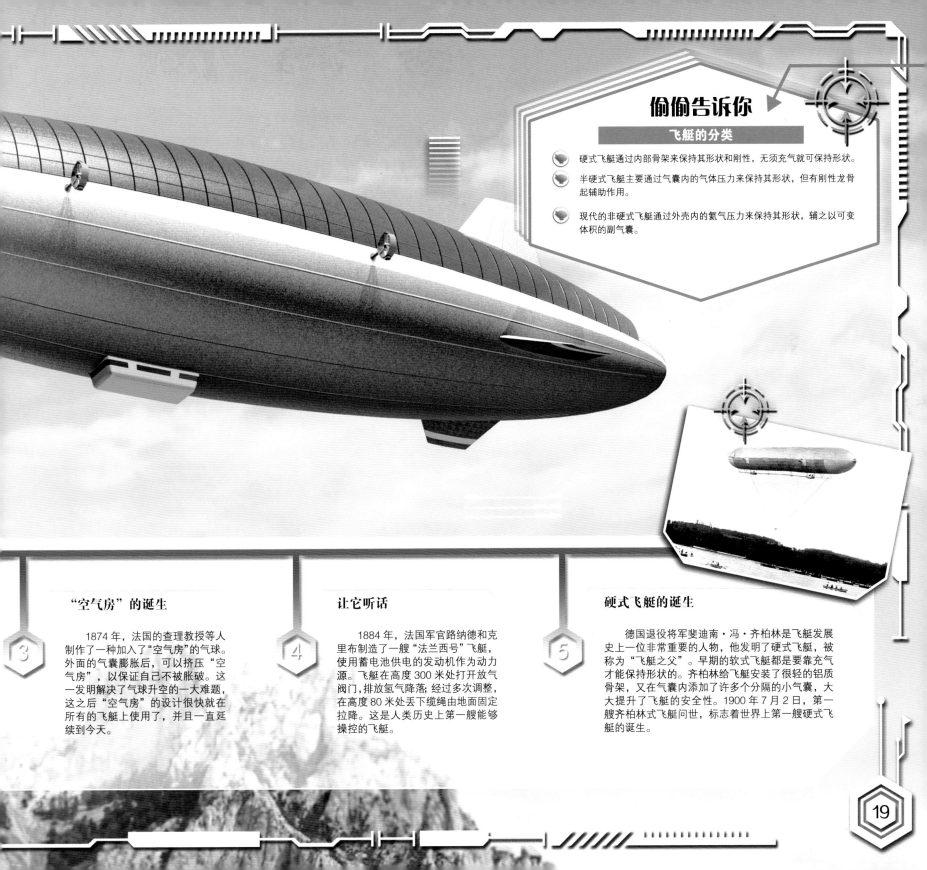

偷偷告诉你

飞艇的分类

- 硬式飞艇通过内部骨架来保持其形状和刚性，无须充气就可保持形状。

- 半硬式飞艇主要通过气囊内的气体压力来保持其形状，但有刚性龙骨起辅助作用。

- 现代的非硬式飞艇通过外壳内的氦气压力来保持其形状，辅之以可变体积的副气囊。

"空气房"的诞生

③ 1874 年，法国的查理教授等人制作了一种加入了"空气房"的气球。外面的气囊膨胀后，可以挤压"空气房"，以保证自己不被胀破。这一发明解决了气球升空的一大难题，这之后"空气房"的设计很快就在所有的飞艇上使用了，并且一直延续到今天。

让它听话

④ 1884 年，法国军官路纳德和克里布制造了一艘"法兰西号"飞艇，使用蓄电池供电的发动机作为动力源。飞艇在高度 300 米处打开放气阀门，排放氢气降落；经过多次调整，在高度 80 米处丢下缆绳由地面固定拉降。这是人类历史上第一艘能够操控的飞艇。

硬式飞艇的诞生

⑤ 德国退役将军斐迪南·冯·齐柏林是飞艇发展史上一位非常重要的人物，他发明了硬式飞艇，被称为"飞艇之父"。早期的软式飞艇都是要靠充气才能保持形状的。齐柏林给飞艇安装了很轻的铝质骨架，又在气囊内添加了许多个分隔的小气囊，大大提升了飞艇的安全性。1900 年 7 月 2 日，第一艘齐柏林式飞艇问世，标志着世界上第一艘硬式飞艇的诞生。

简单的大胖子
——飞艇的构造

飞艇逐渐广泛应用于人们的工作和生活中，这种轻于空气的大飞行器拥有其他飞行器无可比拟的优点，但同时也有着不能回避的短板。让我们一起去看一下这个大家伙长什么样吧！

轻于空气：浮力原理

飞艇的优点

① 无须跑道，可垂直起降。

② 留空时间长，可长时间悬停或缓慢行进。

③ 不消耗燃料，既节能又环保。

④ 噪声小，可携带大量大型、精密的设备。

⑤ 容量大、运费低。

⑥ 只要风速不超过 56 千米每小时，在恶劣天气下也能飞。

⑦ 使用氦气填充后，安全性大大加强。

⬡ 尾翼

◎ 舵

⬡ 推进装置

一般由发动机驱动的带有减速器的螺旋桨系统构成，为飞艇的起飞、降落和空中悬停提供动力。

⬡ 辅助气囊

在飞艇的内部，都有辅助气囊。在飞行过程中，通过对辅助气囊进行充气和放气，就可以保持和控制飞艇的形状和浮力的大小了。

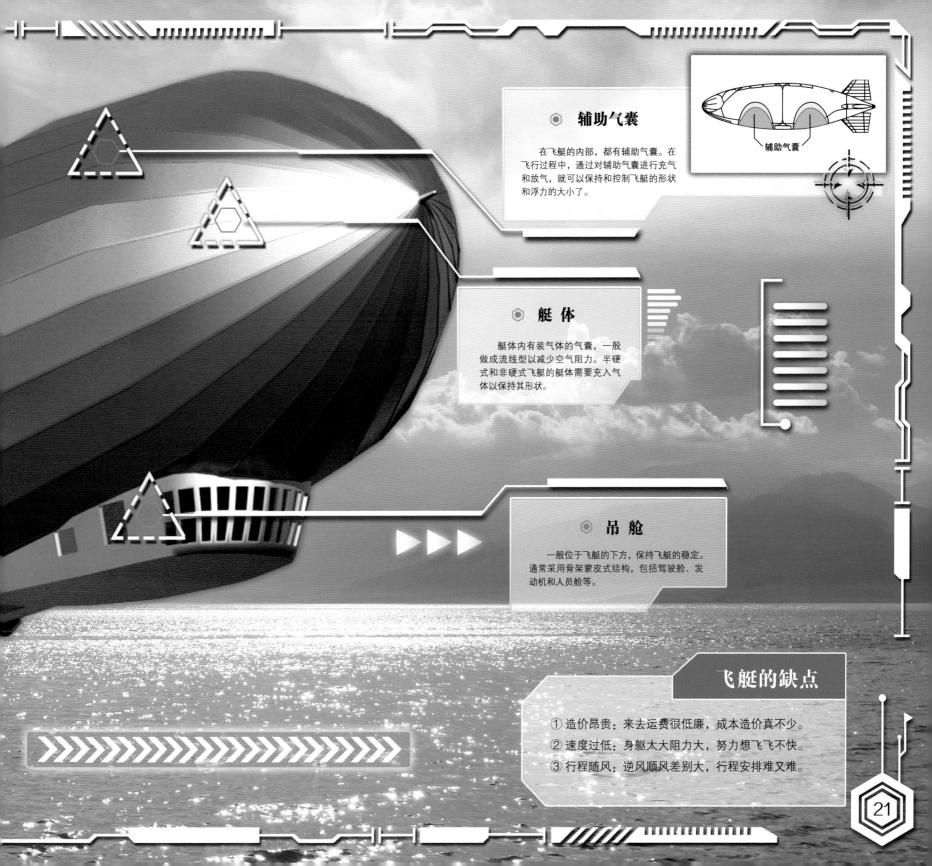

辅助气囊

⬢ 艇 体

艇体内有装气体的气囊，一般做成流线型以减少空气阻力。半硬式和非硬式飞艇的艇体需要充入气体以保持其形状。

⬢ 吊 舱

一般位于飞艇的下方，保持飞艇的稳定。通常采用骨架蒙皮式结构，包括驾驶舱、发动机和人员舱等。

飞艇的缺点

① 造价昂贵：来去运费很低廉，成本造价真不少。

② 速度过低：身躯太大阻力大，努力想飞飞不快。

③ 行程随风：逆风顺风差别大，行程安排难又难。

看我御风而行
——纸飞机的受力

纸飞机，顾名思义是用纸做成的飞机模型，它是许多人心中共同的童年回忆。一张张纸片，被折成漂亮的纸飞机，再借由小手轻轻一投，便顺势而起、御风而行了。

◈ 推 力

推力是指通过投掷给纸飞机的最初动力。纸飞机被人手投掷出去后就不再有持续的推力作为动力了，不过如果投掷的角度合适，纸飞机重力的水平分力可以转换为推力。

纸飞机的起源

据推测纸飞机起源于中国，不过到目前为止，学术界也没有一个统一的答案。当然，"名副其实"的纸飞机应该是在飞机发明之后才出现的，现今能够追溯到的最早的纸飞机是西方在 1908—1909 年间制作的，而真正有据可循的纸飞机则到 1930 年才出现，它是约翰·K.诺斯罗普为了研究真实飞机的飞行原理制作出来的。

谁的纸飞机最厉害

虽然到现在我们仍然没有一个统一的标准去衡量什么是最好、最科学的纸飞机，但是，吉尼斯世界纪录中记载了纸飞机的最长飞行时间和最远飞行距离。

吉尼斯世界纪录

飞行时间最长	飞行距离最远
户田卓夫	**约翰·柯林斯**
日本折纸飞机协会主席	美国纸飞机大师
创造世界纪录 29.2 秒	创造世界纪录 69.14 米
2010 年 12 月 19 日	2012 年 2 月 26 日

重于空气：固定翼

⬡ 升 力

升力指上升力，它是维持纸飞机在空中飞行的力。纸飞机的升力来源于它的机翼。

⬡ 阻 力

阻力是纸飞机在空中飞行时与空气摩擦所产生的力，是不可避免的。

⬡ 重 力

重力是地球上的所有物体都会受到的力。飞行过程中如果重力分配不均，就会导致纸飞机倾斜、转向甚至直接栽向地面。

伯努利定理

伯努利定理是由丹尼尔·伯努利在 1726 年提出的：同一高度水平面上的气流，流速越快，压强越小。生活中我们会经常遇到这个定理，比如当你坐在小汽车里时，如果外面有大客车从你旁边飞快地驶过，你会感觉到小汽车在振动。这是因为小汽车和大客车之间的空气的流动速度比较快、压强小，小汽车就会有向大客车贴近的趋势，所以你会觉得小汽车在振动。在海上也是这样哦，小船不能离大船太近了，不然容易发生碰撞。同样，飞机能够飞起来也是利用了伯努利定理。

飞得更远更久
——纸飞机的原理

纸飞机中可有大乐趣！拿一张小小的纸片，用你灵巧的小手，折一个飞得又远又久的纸飞机吧。看，纸飞机仿佛在说："虽然我是小纸片，但我心怀大梦想，我想努力飞上天，飞得更远和更久。"

为什么纸飞机会飞

重力与升力的交互作用

纸飞机在重力的作用下向下掉落，空气则会"托起"机翼，让纸飞机在空气中飘浮，一上一下的两种力，再加上投掷者给的推力（产生惯性运动），3种力共同作用，使纸飞机顺利飞出。

空气流速与压强的关系

叠得好的纸飞机机翼会微微上翘，当飞行时，上翼的空气就会跑得快一些。根据伯努利定理，空气流速越大，压强越小。于是，上下翼之间会形成一个压力差，给纸飞机提供一个升力。

滑翔

纸飞机在投掷后由于没有持续的动力和无法操控，所以很难继续产生升力。但由于各部分垂直方向上所受的阻力不同，当投掷后的动力消失，纸飞机还可以继续滑翔一段时间。

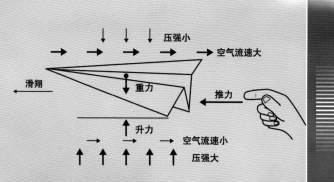

压强小
空气流速大
滑翔
重力
推力
升力
空气流速小
压强大

重于空气：固定翼

怎样让纸飞机飞得更远更久

① 机翼面积大，获得升力多；
② 重心略前移，飞行更平缓；
③ 角度适合投，升力最大化；
④ 纸张滑又韧，稳定少阻力；
⑤ 尾翼平衡身，选择也不错。

哈气效应

　　哈气效应也叫作机头哈气现象。我们经常能看到有人在掷出纸飞机前会先对着机头哈一口气，他们这是在干什么呢？原来有的爱好者认为，通过哈气可以增加纸飞机机头的湿度，从而调整纸飞机全机的重心平衡，最终有利于气流均匀地流过纸飞机的机翼，产生稳定的升力。不过也有人认为，哈气对纸飞机的飞行效果并没有影响。掷出纸飞机之前对着机头哈一口气，到底能不能让纸飞机飞得更远、更久呢？快去自己试一试吧！

在天空自由飞翔
——认识三角翼

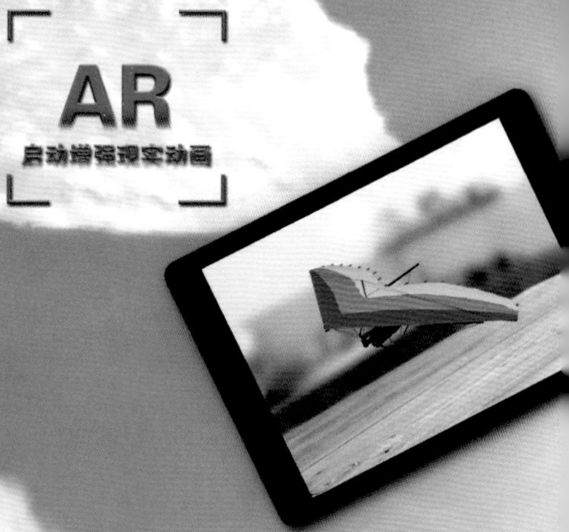
AR
启动增强现实动画

我们用小手给纸飞机一个推力，纸飞机可以飞上天空；我们用助跑给三角翼一个推力，三角翼也可以带我们飞上天空。让我们一起去认识三角翼，感受在天空中滑翔的魅力吧。

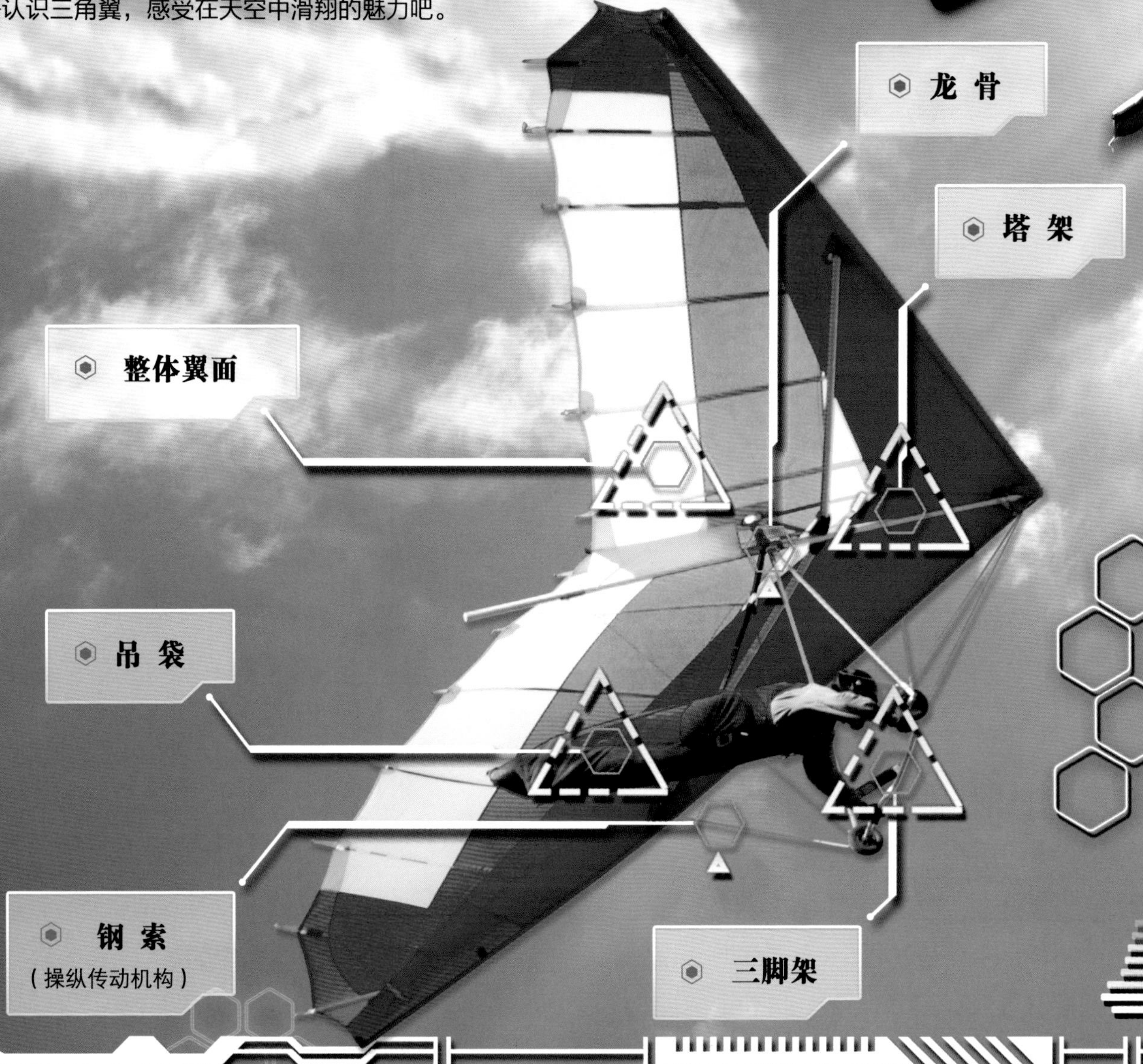
龙 骨
塔 架
整体翼面
吊 袋
钢 索
（操纵传动机构）
三脚架

什么是三角翼

三角翼也叫滑翔翼、滑翔机，它的机翼翼面形状为三角形，故而得名。三角翼飞行是一项挑战性极大的空中滑翔运动，一般分为无动力三角翼飞行和动力三角翼飞行两种。

机翼

钢索
（操纵传动机构）

龙骨

机身

飞机操纵器件

动力装置

无动力三角翼

无动力三角翼又称悬挂式三角翼，具有硬式结构的基本构架，用活动的整体翼面进行操纵。它主要由塔架、龙骨、三脚架和吊袋4个部分组成，各部分之间用钢索连接。为了保证安全，三角翼上还配有备份伞。驾驶员悬挂在翼体下方俯式飞行，包在一个虫蛹似的吊袋里，利用身体的重心移动来控制三角翼的速度和方向。无动力三角翼构造简单、安全易学，起飞时只需在具有持续舒缓上升气流的山谷高点进行一小段助跑，就可以在升力的作用下翱翔天际了。

动力三角翼

动力三角翼是一种配备了发动机的悬挂式滑翔飞机，主要由机翼、机身、龙骨、动力装置和飞行操纵器件等几部分组成。机翼的平面形状近似三角形，内部结构为金属骨架，机翼骨架外面包裹着高强度的不透气蒙布；推进式发动机系统安装在机身后部的支架上；敞开式的简易机身和飞机操纵器件铰接在机翼龙骨之上。它因为装有发动机，所以可以在崎岖不平的地面上起飞和降落，如果加上浮筒，还可以在水面起降。动力三角翼很安全、容易操作，飞行员只需前、后或左、右移动操纵杆就可以使机翼相对机身做纵向俯仰转动或横向倾斜转动了。

感受滑翔的魅力
——三角翼在身边

同纸飞机一样，三角翼也可以在我们的生活中频繁出现哦。你对它有几分了解？收拾行囊，整理着装，背上三角翼，让我们来一场说飞就飞的冒险吧。

为什么三角翼会飞

在欧美国家，三角翼经常被爱好者们当作挑战大自然、挑战人类自身极限的空中体育运动。无动力三角翼构造简单、安全易学，所以很受欢迎，其飞行原理与纸飞机的滑翔原理相似，都是借助空气飞行；动力三角翼则在此基础上增加了一个可以提供动力的发动机，发动机向后喷出气流，带动三角翼翼面向前运动，产生从前向后的相对气流。根据空气动力学原理，从前向后相对运动的气流作用于翼面，就产生了源源不断的升力。

三角翼的用途

在航空领域，动力三角翼是最受人们欢迎的轻型动力飞行器之一。20世纪70年代动力三角翼运动在欧洲兴起，至今仍然广受追捧。动力三角翼在旅游观光、休闲飞行、航空摄影、森林防火等许多领域都发挥着重要的作用，在时尚休闲运动等领域也能大显身手。

三角翼的便利性

① 三角翼可以折叠，所以十分易于运输和存放，一名熟练的滑翔者把它从车上卸下到安装好只需15分钟的时间。

② 动力三角翼起降距离短，不需要配备专门的跑道，一般起降地面滑跑距离为30~80米；加上浮筒后还可以在水面上起降。无须配备专门的机场、机库。

③ 三角翼属于悬挂运动设备，无须考取专门的航空执照。不过一定要听从飞行教练的要求，以保障自己和他人的生命安全。

三角翼的安全性

三角翼拥有令其他飞行器羡慕的安全纪录。动力三角翼通常可供两人乘坐，由于机翼具有较高的滑翔性能，所以即使是在失去动力的情况下，依然可以像鸟儿一样滑翔着陆，相当安全。三角翼一般选用当今世界上先进的高科技材料制成，不仅轻便简洁，而且非常坚固。机身装有全缓冲标准的座位，乘坐起来非常舒适；每个轮子之间还装有独立的弹性悬挂系统，不仅减轻了三角翼的压力，而且增加了乘坐者的舒适性，减少了振感。

古老又鲜活的存在
——风筝的历史

在阳光明媚的日子里，怎能不去室外感受一下清爽的风呢？带上充满历史和文化底蕴的风筝，让我们一起去给大自然一个拥抱吧。

风筝的历史

风筝相传起源于中国古代的春秋时期，至今已有 2000 多年的历史了。据说墨子花了 3 年时间，用木头做了一只木鸟，称为"木鸢"，这就是最早的风筝。后来鲁班改进材质，用竹子制作风筝。东汉时期的蔡伦改进了造纸术，坊间开始用纸制作风筝。到了南北朝时期，人们开始用风筝传递信息。等到隋唐时期，随着造纸业的不断发展，民间也开始用纸制作风筝了。到了宋朝，放风筝就已经成了人们户外休闲娱乐的重要活动了。直至今天，风筝在我们的生活中仍扮演着非常重要的角色。

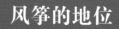

风筝的地位

风筝是世界上最早的重于空气的飞行器。中国的风筝在 13 世纪通过马可·波罗等人传入欧洲，对后来滑翔机和飞机的诞生起到了重要的作用。大英博物馆把风筝称为"中国的第五大发明"。许多国家的博物馆至今还展示着中国的风筝，比如美国国家博物馆内就立着一块醒目的牌子，上面写着"世界上最早的飞行器是中国的风筝和火箭"。

偷偷告诉你

风筝和纸鸢

据古书记载，五代时期有一个叫李邺的人在宫中奉命做纸鸢。技艺十分精湛的他，在纸鸢的头部放了一个竹子做的口笛，风通过这个口笛时会发出古筝一样的声音，后来人们就把这种纸鸢命名为"风筝"了。所以，不能发出声音的叫作纸鸢，能发出声音的才叫风筝哦。

风筝的文化内涵

风筝距今已经有 2000 多年的历史了，从最初用来传递消息到后来用于休闲娱乐，在如此长时间的发展历程中，风筝成了寓意喜庆吉祥、幸福如意的文化符号。比如"福寿双全""龙凤呈祥""百蝶闹春""鲤鱼跳龙门""麻姑献寿""百鸟朝凤""连年有鱼""四季平安"等，这些人们喜闻乐见的风筝图案无一不体现着对于美好生活的憧憬和向往。

福寿双全

风儿呼呼吹，风筝呼呼飞
——风筝的原理

风筝是世界上最早的重于空气的飞行器，拥有漫长的历史和文化内涵。你都了解哪些类型的风筝？它们是怎样飞起来的呢？听，风儿正在呼呼地吹，风筝正在呼呼地飞。

为什么风筝可以一直飞

与纸飞机和三角翼不同，风筝在飞行过程中一直会有拉力的存在，通过拉力和风力的相互作用，风筝就可以不断获得升力，飞得更高更远。

拉力和风力又是怎样相互作用产生升力的呢？当风筝的迎风面与风向构成一定的角度时，会产生一个垂直于风筝平面的合力（总空气动力），这个合力可分解为两个方向的分力，一个是与风向一致的水平分力（阻力），另一个则是垂直于地面向上的分力，也就是风筝飞升的升力。

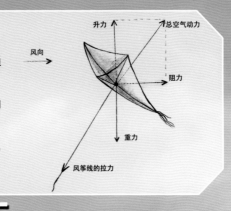

风筝的种类

2000 多年中，风筝不断发展，出现了许许多多的形态和种类。

软翅风筝

这是我们最常见的一类风筝，一般选取昆虫和禽鸟作为风筝的原型，翅膀下部没有竹条支撑，放飞效果逼真。

这种风筝的翅膀两端向后倾斜，硬翅是固定的，其他部分的造型和骨架结构则会根据题材内容的变化而变化。

硬翅风筝

板子风筝

这是我们常说的平面形风筝，这种风筝做法简单、飞升性能较好，也适合表现多种题材，深受大众喜爱。

立体风筝也叫桶形风筝，一般采用折叠骨架结构，由一个或多个桶形结构组成。

立体风筝

龙形风筝

主要形式是龙形蜈蚣风筝，这是潍坊风筝的一大特色，潍坊也是风筝的故乡。

也称特技风筝、双线风筝或复线风筝。这类风筝可用多条线控制，在空中做一些动作，既可单人玩，也可团队玩。

运动风筝

把庞然大物送上天
——飞机的历史

莱特兄弟可谓家喻户晓，但中国的冯如可能就没几个人知道了。快来看看他们的故事，给你身边的朋友们讲一讲。还可以了解一下最初的飞机有几个翅膀、大名鼎鼎的黑匣子真的是黑的吗。

莱特兄弟

经过多年的努力，1903 年 12 月 17 日，美国的莱特兄弟在美国北卡罗来纳州的基蒂霍克试飞了世界上第一架载人动力飞机。这架飞机被称为"飞行者号"，在空中的最长飞行时间为 59 秒，飞行距离是 259.7 米。有 5 个人在场观看了试飞。这架飞机是航空史上的里程碑。

中国飞行第一人——冯如

在莱特兄弟的飞机成功试飞 6 年后，我国最早的飞机设计师和飞行员冯如也成功试飞了自己设计的飞机。经过多次试验飞行，他的飞机飞行高度可以达到 210 米，速度也可以达到 105 千米每小时，沿海湾飞行的距离更是达到了 32 千米。这是中国人第一次驾驶着自己研发制作的飞机飞上蓝天。不幸的是，1912 年 8 月 25 日，回国报效祖国的冯如在广州燕塘试飞时，由于操纵系统失灵，飞机飞至百余米高时失速下坠，冯如负重伤，经抢救无效后死亡，成了中国第一位驾机失事的飞行员。

重于空气：固定翼

偷偷告诉你

飞机发动机

　　现代飞机的动力装置主要包括涡轮发动机和活塞发动机两种。应用较广泛的动力装置有4种：航空活塞式发动机加螺旋桨推进器、涡轮喷射发动机、涡轮螺旋桨发动机和涡轮风扇发动机。随着航空技术的发展，火箭发动机、冲压发动机和原子能航空发动机等也可能逐渐被采用。

黑匣子

　　在每架现代客机的尾部都会有一个黑匣子。它由一个飞行数据记录器和一个座舱通话记录仪组成，用来记录飞机的飞行高度、速度、爬升率等各种飞行数据以及飞机上的各种通话记录。黑匣子的耐压、耐热性能极强，所以空难事故后，人们总会寻找它来还原事故的真相，黑匣子也因此被誉为空难的"见证人"。不过黑匣子可并不是黑色的哦，为了方便寻找，它被设计成鲜亮的橙色。

单翼飞机与多翼飞机

　　人类在制造飞机之初，由于技术条件的限制，为了获得更大的升力，往往只能选择使用较多的机翼。但随着科技的发展，人们可以制造出面积较大、较结实的机翼，还能利用较高效的发动机迅速提升飞机的速度，于是阻力较大、升力效率较低的双翼甚至多翼飞机渐渐就被单翼飞机取代了，现在只有一些小型的飞机才采用双翼了。

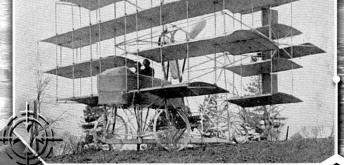

我很重，可是我很能飞
——飞机的构造

你有没有坐过大飞机？你知不知道这个庞然大物是怎样飞上天的呢？让我们一一分解、认识它的结构，再来看看它到底是怎样飞上天的。

C919

中国商用飞机有限责

国产大飞机"三兄弟"

运输：运-20

2013 年 1 月首飞

使中国成为世界上第四个能够自行研制和生产 200 吨级以上军用大型运输机的国家。

民航：C919

2017 年 5 月 5 日首飞

中国首款具有完全自主知识产权、按照最新国际适航标准研制的干线民用飞机。

两栖："鲲龙"AG600

2017 年 12 月 24 日首飞

中国自主研制的、全球在研的最大水陆两栖飞机。

◈ 起落装置

起落装置又称起落架，是用来支撑飞机并使它能在地面或其他水平面起落和停放的装置。陆上飞机的起落装置一般由减振支柱和机轮组成，此外还有专供水上飞机起降的带有浮筒装置的起落架和雪地起飞用的滑橇式起落架。

重于空气：固定翼

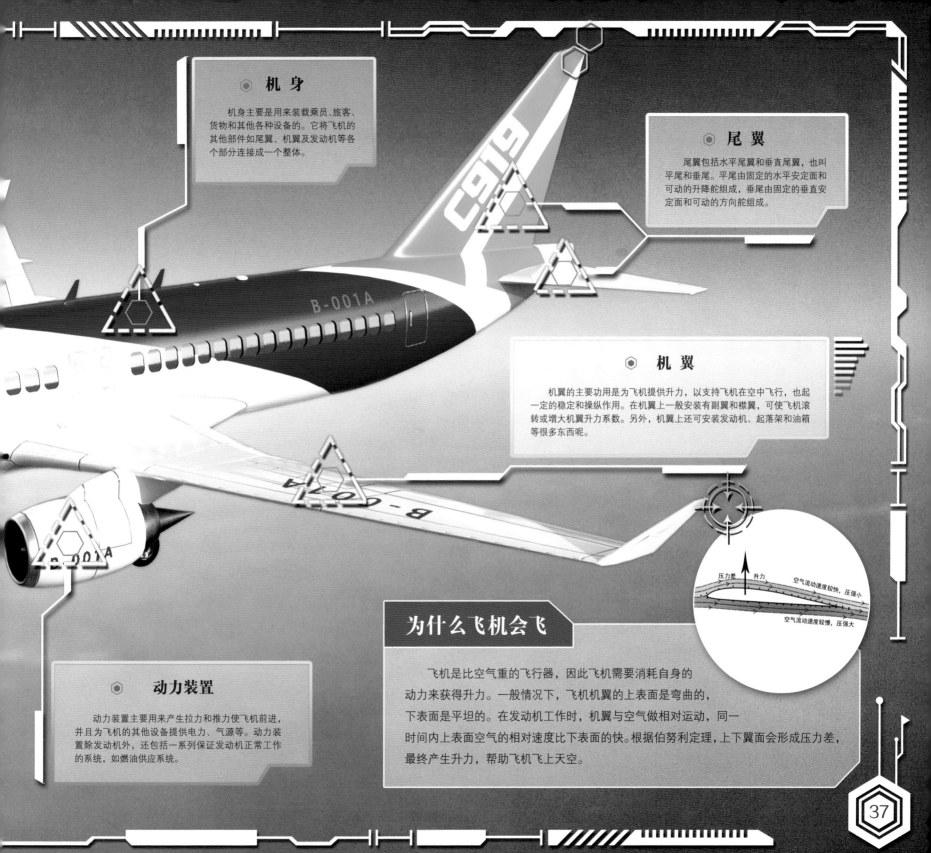

◈ 机身

机身主要是用来装载乘员、旅客、货物和其他各种设备的。它将飞机的其他部件如尾翼、机翼及发动机等各个部分连接成一个整体。

◈ 尾翼

尾翼包括水平尾翼和垂直尾翼，也叫平尾和垂尾。平尾由固定的水平安定面和可动的升降舵组成，垂尾由固定的垂直安定面和可动的方向舵组成。

◈ 机翼

机翼的主要功用是为飞机提供升力，以支持飞机在空中飞行，也起一定的稳定和操纵作用。在机翼上一般安装有副翼和襟翼，可使飞机滚转或增大机翼升力系数。另外，机翼上还可安装发动机、起落架和油箱等很多东西呢。

◈ 动力装置

动力装置主要用来产生拉力和推力使飞机前进，并且为飞机的其他设备提供电力、气源等。动力装置除发动机外，还包括一系列保证发动机正常工作的系统，如燃油供应系统。

为什么飞机会飞

飞机是比空气重的飞行器，因此飞机需要消耗自身的动力来获得升力。一般情况下，飞机机翼的上表面是弯曲的，下表面是平坦的。在发动机工作时，机翼与空气做相对运动，同一时间内上表面空气的相对速度比下表面的快。根据伯努利定理，上下翼面会形成压力差，最终产生升力，帮助飞机飞上天空。

悠久简单的小玩具
——认识竹蜻蜓

竹蜻蜓是中国民间的一种古老的儿童玩具，有着十分悠久的历史，几千年前的孩子们在玩，现在的孩子们也在玩；不仅孩子们在玩，大人们也在玩。让我们一起去认识一下这种神奇的小玩具吧！

名称的由来

竹蜻蜓升空时的飞行轨迹与蜻蜓十分相似，加之最早又是用竹子做成的，所以人们就称其为"竹蜻蜓"了。

最早的书面记载

晋朝时，葛洪在他的《抱朴子》中这样记载："或用枣心木为飞车，以牛革结环剑以引其机。或存念作五蛇六龙三牛交罡而乘之，上升四十里，名为太清。太清之中，其气甚罡，能胜人也。"这里提到的"飞车"被认为是现存关于竹蜻蜓的最早的文字记载。

竹蜻蜓传入欧洲

竹蜻蜓被认为是在14世纪时传入欧洲的。《简明不列颠百科全书》第九卷中这样写道："直升机是人类最早的飞行设想之一，多年来人们一直相信最早提出这一想法的是达·芬奇，但现在我们都知道，中国人比中世纪的欧洲人更早做出了直升机玩具。"

竹蜻蜓的结构

竹蜻蜓的结构十分简单，一般由一个用十几厘米长、横截面直径几毫米的竹竿做成的"竹柄"和一个20厘米长、3~4厘米宽、2~3毫米厚的竹片做成的"翅膀"（也称"叶片"）组成。竹片的中心有一个与竹竿横截面一般大小的孔，可以把竹柄和翅膀连接起来。孔两侧的竹片被对称削成一定的斜面。

竹蜻蜓的玩法

竹蜻蜓的玩法也非常简单，将竹柄和叶片组装好后，用双手手掌夹住竹柄的下段，快速一搓，双手一松，竹蜻蜓就飞上天空了。是不是既简单又好玩呢？

小玩具的大奥秘
——竹蜻蜓的原理

竹蜻蜓样式简单，结构简单，玩法也很简单，不过简单中也可能藏有大智慧哦。竹蜻蜓是怎样用它简单的身体完成飞天的壮举的呢？快来一起瞧一瞧吧！

AR
启动增强现实动画

为什么竹蜻蜓会飞

竹蜻蜓的叶片是左右对称并带有一定角度的。叶片的上表面具有一定的弧度，下表面则是平直的。当竹蜻蜓的叶片旋转时，上下表面的空气流速不同，根据伯努利定理，会造成上下表面的压力差，最终产生升力，帮助竹蜻蜓升空。

竹蜻蜓制作小贴士

竹蜻蜓结构简单，做法也非常简单，但在制作时要注意以下几点。

注重重力和升力的关系

如果竹蜻蜓产生的升力小于重力的话，是不足以让竹蜻蜓飞起来的，所以叶片要尽量轻薄一些。

注重阻力和升力的关系

随着叶片角度的增大，竹蜻蜓获得的升力会随之增加，但阻力也同样会增加。达到一定的临界角度后，升力增加的速度会小于阻力增加的速度，竹蜻蜓就飞不起来了。

注意重心的位置

既要保证竹柄和叶片之间相互垂直，也要保证连接处两边的叶片是对称的，这样才能稳定重心，防止摆尾严重等情况发生。

飞得更远更久

如何让竹蜻蜓飞得更远更久呢？人们经过长期的实践，得出了以下几个结论。

① 竹质或木质的竹蜻蜓会飞得更远。

② 12 厘米左右是竹柄最合适的长度，太长的竹柄会对竹蜻蜓的飞行产生不好的影响。

③ 3 厘米左右的叶片宽度最适宜增加竹蜻蜓飞行的距离。

④ 多用些力气，通过搓动竹柄给叶片的力对于竹蜻蜓来说是非常重要的。

玩出来的飞行器
——直升机的历史

　　竹蜻蜓最早只是孩子们的玩具，不过人们借鉴竹蜻蜓的飞行原理，创造出了直升机。随着人们的不断研究和尝试，直升机在现代生活的许多领域发挥着越来越重要的作用。

AR
启动增强现实动画

最早的直升机设计蓝图

　　人们在文艺复兴时期的伟人——莱昂纳多·达·芬奇的手稿中发现了他在 1483 年绘制的直升机草图。在他的设想中，要用弹簧作为动力来源，以绕垂直轴的旋转面来达到垂直飞行的目的。驾驶员可以站在底盘上，拉动钢丝绳，改变飞行的方向。经过研究，人们发现这一"直升机"并不能真正飞起来，但这是人类历史上最早的直升机设计蓝图。

中国人对垂直飞行的探索

1

17 世纪，中国苏州有一个叫徐正明的能工巧匠，他经过多年的刻苦钻研，制造出一种能够把人带上天的垂直飞行机构。这种垂直飞行机构有一个竹蜻蜓似的旋桨，依靠脚踩踏板带动旋桨转动。试飞时可以离地 30 多厘米高，并且飞过了一条小河沟才落了下来。

竹蜻蜓的改进设计

2

被誉为"空气动力学之父"的乔治·凯利一辈子都对竹蜻蜓十分着迷。他的第一项研究就是对竹蜻蜓进行仿制和改造。他制作过几个竹蜻蜓，并用钟表的发条为其提供动力。通过一连串的测试，他的竹蜻蜓曾经到达过 27 米的高度。

第一架直升机

3

1907 年 8 月，法国工程师保尔·科尔尼研制出一架能载人的直升机，并在同年的 11 月 13 日进行了离地升空的科学试验。这是人类第一次利用直升机从地面垂直起飞，这架直升机也被称为"人类第一架全尺寸载人直升机"。但它的控制方面仍存在许多问题。

"现代直升机之父"和他的 VS-300

4

1938 年，德国人汉娜·赖奇在柏林体育馆驾驶着一架直升机进行了一次完美的飞行表演，这架直升机也因此被认为是世界上第一架试飞成功的直升机。1939 年，被称为"现代直升机之父"的美国人伊戈尔·伊万诺维奇·西科斯基完成了 VS-300 直升机的全部设计工作，最终解决了直升机的操纵问题。

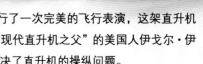

结构造就本领
——直升机的构造

直升机可以飞得很低，直升机可以在空中悬停，直升机可以前后左右到处移动，直升机还可以直上直下垂直起落……为什么直升机能做到这些呢？其实这些都源于它特殊的构造。

为什么直升机会飞

直升机的飞行原理大体和竹蜻蜓一样，都是通过叶片的压力差产生升力带动飞行器飞行。但空气对旋翼的反作用力会形成一个力矩，使机体反向旋转。竹蜻蜓可以忽视这个问题，但直升机必须要克服这个力的阻碍。

对于单旋翼直升机，为了平衡这个力，常见的做法就是再加入一个尾桨，在机身的尾部产生相反方向的力矩，来控制飞行的方向或抵消力矩的影响；对于多旋翼直升机，如共轴式旋翼、纵列式旋翼、横列式旋翼等，则多采用不同旋翼之间反向旋转的方式来抵消力矩的影响。

◉ 动力装置

动力装置包括发动机和有关的附件。发动机的功用是驱动旋翼并带动尾桨转动。

◉ 机身

机身主要用来装载人员、货物、设备和燃油等，同时它将各个部分连成一个整体。

◉ 起落装置

起落装置主要用于地面滑行和停放，同时在着陆时起缓冲作用。